半小时漫画十万个为什么

科学百问百答

天气变变变

[马来西亚] 火焰球创作室　著
动漫编辑部　编

云南出版集团　晨光出版社

目录

爸爸

- 仔仔和囡囡两兄妹的爸爸。
- 特点：好好先生，不喜欢运动，喜欢待在家里，对付生气时的妈妈很有一套。

开心乐龙龙

- 玉皇大帝派下凡间的开心生肖神仙，拥有神奇火焰球，能解答一切难题。
- 特点：有强烈的好奇心、心地好、爱帮人、有一点傻气。

妈妈

- 仔仔和囡囡两兄妹的妈妈。
- 特点：家里的一把手，有点急躁，有点唠叨，爱看剧，爱购物。

仔仔

- 囡囡的哥哥。
- 特点：爱耍小聪明，有正义感，偶尔出糗，关键时刻最疼爱妹妹。

胖胖

- 仔仔和囡囡的邻居，同学兼好朋友。
- 特点：好吃的东西排在第一位，喜欢恶作剧，其实是为了吸引注意力，对朋友很好。

囡囡

- 仔仔的妹妹。
- 特点：聪明伶俐，爱哭，喜欢小动物，最喜欢甜甜的棒棒糖。

第一个为什么

为什么云会在空中走？

哇……

飞碟出现在A国

哇，真希望能在我们国家看到飞碟！

不要，我怕外星人！呜……

仔仔，别乱说话，你吓坏妹妹了。

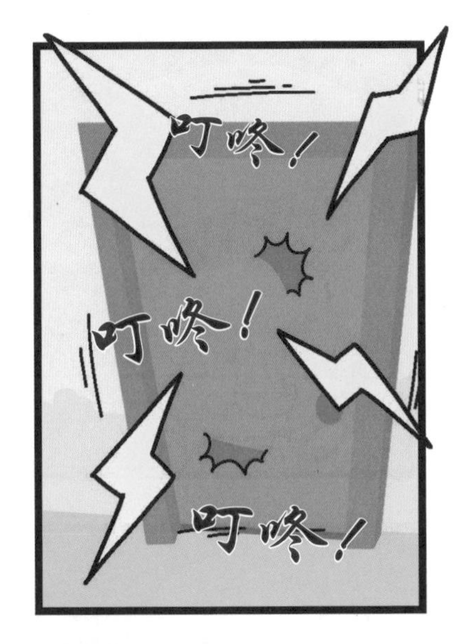
叮咚！
叮咚！
叮咚！

谁按门铃按得那么急啊？
叽……

呼呼呼……

胖胖，你好像很急的样子，有什么事吗？

有重大的消息要告诉你们！我发现了飞碟！

怎么可能？

好可怕哟！
真的吗？
叽叽叽！

走，我带你们去看！

哪里有飞碟啊？

胖胖，说谎是不对的哟！

我没骗你们，看那里！

什么都没有啊！

你们再仔细看看。

我们什么也没看到！

我今天看了天空很久，终于被我发现，飞碟就藏在云朵里面！

你们看清楚，云是不是慢慢地走着？肯定是飞碟躲在云里面，然后慢慢地推着云飞行，那样就不容易被人们发现啦！

哈哈哈！胖胖，云会走是自然的现象，才不是因为飞碟在里面呢！

什么，自然现象？为什么会这样？

这个嘛……我想，是因为云要和云聚在一起，所以就不停地走！哈……

爸爸的答案对吗？

叽叽叽！
摇头

啦啦啦！
啦啦啦啦！

咻！

大家好，我是小水滴。让我来告诉你们为什么云会走吧！

地上的水蒸发后，会升上天空。

空中的水蒸气遇冷形成的水滴或冰晶聚集在一起，形成云。

空气在空中不停地流动着，流动的空气，就是风。

云会走，是因为被风吹。风力越大，云就会走得越快。
推
走

恢复
哦，原来是这样！

你们看看天上的云！

云走得很快，而且
颜色越来越黑了！

啊，是不是飞碟要
降落地球了？
哇！

不是啦，是快要
下雨了！

我们快点回家吧！

哈哈！

呼，差点被发现！

云"变脸"了

天上的云不停地"变脸"，一会儿是雪白的脸，一会儿是红通通的脸，一会儿是五彩缤纷的脸，一会儿却变成了黑脸，这是为什么呢?

云的"脸色"会变有两个原因，一是云的厚度不同，二是光的照射。

云的厚度

很薄的云，阳光容易透射，使云看起来明亮洁白。

很厚的云，阳光不能透射，看上去就会黑黑的。

光的照射

云是由水蒸气遇冷形成的水珠或冰晶聚集在一起而形成的，因此当阳光照射在云朵上，发生折射时，就会形成颜色缤纷的云朵。

阳光里有七种颜色：红、橙、黄、绿、蓝、靛、紫。阳光中的红光、橙光波长较长，传得更远。因此，当日出和日落时分的阳光照射在云朵上，云朵就看起来红通通的。

A 认一认，哪两朵云一模一样？

B 下面这两朵云加在一起后，会变成什么颜色呢？发挥你的想象力，**给云涂上你喜欢的颜色吧。**

答案：A. a和d

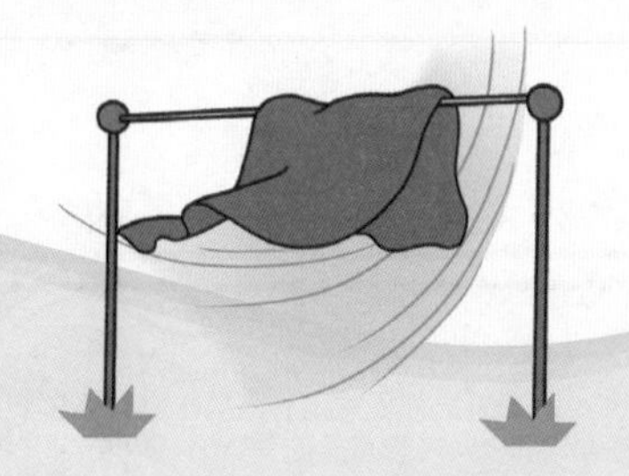

第二个为什么

为什么云会变化多端？

日光浴
防晒霜

啊?

哦!

叽叽叽!

龙龙，你在干吗？
叽？

哦？
指
叽叽！

真的那么有趣吗？

哇！
叽叽叽！

唔……仔仔，爸爸去上厕所，这里就交给你喽！
哦？

包在我身上！

嘿嘿！

你们在干什么？
哦？
叽？
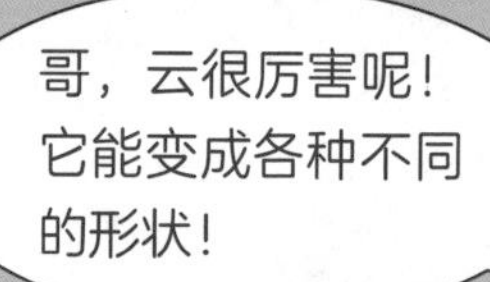

哥，云很厉害呢！它能变成各种不同的形状！

是吗？

叽叽！
真的呢！不知道它是怎么做到的呢？

那是因为云朵会变身术！

才不是呢！

怎么会不是呢？动画里的忍者都是靠变身术来变身的！
如果不会变身术……
变
……那怎么能变来变去呢？
变

说得好像蛮有道理呢！

龙龙，去！

叽叽！

咻！

大家好！

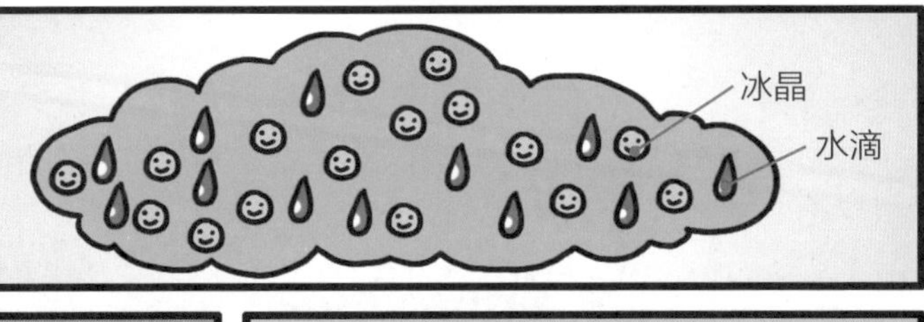
云是由空中的水滴或冰晶聚集形成。
冰晶
水滴

当我们被风吹得到处飘时，形状就千变万化了。

恢复

哦，原来是这样！
叽叽！

云真有趣！
对啊！除了形状千变万化之外，云还会降雨呢！
轰隆！
轰隆！

哇，说变就变！

滴答
下雨了？

下雨了，快回家帮忙收床单！

天空里的棉花糖

云朵一会儿像把伞，一会儿又像棉絮。为什么会这样呢？那是因为受气压和风的影响。

絮状云

絮状云看起来像破碎的棉花糖一样。这种云的出现表示该地区的气层不稳定，也是雷雨的先兆。

荚状云

荚状云的形成主要是因为上升气流与下降气流汇合。它边缘薄，中间厚，表面看起来光滑。

瀑布云

瀑布云的云层就像瀑布一般凌空而下，延绵不绝。这类云只出现在山谷中。

悬球状云

悬球状云很像悬挂在空中的气球。

夜光云

夜光云很罕见。它一般出现在落日后。

淡积云

淡积云是典型好天气的云朵，大多出现在清晨。

云中云

图中隐藏了以下三朵云。
仔细找一找，然后根据指示，
给找出的云涂上颜色。

黄色　　红色　　紫色

第三个为什么

为什么打雷时常常会停电？

呼呼

轰隆
轰隆

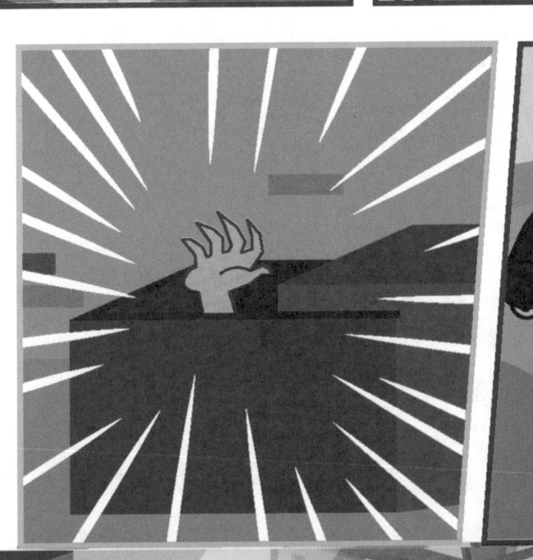

哇啊！

轰隆
轰隆

哇啊！

哦？怎么黑漆漆的？

啊！
哇！

你真是的，怎么这样吓孩子？
哎呀，玩玩而已嘛！

爸爸、妈妈，是停电吗？
轰隆

轰隆

应该是受到刚才雷电的影响吧！

竟然在这么精彩的时候停电！真是的！

轰隆

第二天……
学校食堂
昨晚我家停电，《古堡怪客》都没有看完！你们快告诉我故事的结局。
我们家也停电啊！
真巧啊！我家也停电了。
听说昨晚全区停电。
全区停电？
有问题！

难道是……
肯定是！
是什么？

那是发电厂出了问题，所以整个地区才会停电。

什么？发电厂？

报纸有报道啦，别说又是外星人！

昨晚全区大停电

可是，为什么打雷时会停电？

嗞嗞
嗞嗞
这是因为雷电击中了当地的电网，造成当地电网的电流过高，导致变电站跳闸。

什么是变电站?
变电站是改变电压，控制和分配电能的地方。
变电站
避雷设备
一般的输电线路都有避雷设备，在打雷时，能够保护变电站。
2YL-01
2YL-01
2YL-01

只是我们这地区没做好避雷设施，不过，报道说很快就会改善的。

哦，原来是这样！

那只是解释了为什么打雷会停电，又没有解释为什么昨晚会打雷，说不定……
又来了……我们走吧！
哼！
喂，我还没说完呢！
只有胖胖留下。好朋友，嘻嘻！
我只是还没吃完而已啦！嘿嘿！
还好闪得快！

“轰隆隆”的雷声

啊，今天的
天气特别闷热，待会儿肯定
会下雷雨！

天气闷热会下雷雨吗？很可能会是这样。我们会感到闷热是因为大气里的水汽多、温度高，正好符合了雷雨所需要的两个条件：一是地面上的温度高，二是大气层里的湿度大。

天气热但空气很干燥的话，雷雨也不会发生的。

下雷雨时，突然一道闪光划破长空，接着传来震耳欲聋的巨响，这就是闪电和打雷，也称为雷电。

闪电和雷声是同时发生的，但由于光比声音的传播速度快，因此，我们会先看到闪电，然后才听见雷声。光传播的速度约为每秒三亿米，声音则是每秒三百四十米。

除了最常见的线形闪电，偶尔也会出现其他形式的闪电，如热闪电、片状闪电等。只有闪电而没有雷声叫做热闪电。片状闪电是云内的闪电被云遮挡而造成的闪电现象。

雷雨来临前，除了要关掉电源，还得拔下电源插头，因为雷电会通过电源线，损坏电器，造成火灾。

快要下雷雨了，妈妈吩咐图图、仔仔和胖胖马上拔掉屋里所有电器的电源插头。但有人却非常粗心，你能找出没拔的插头吗？请你圈出来。

第四个为什么

为什么天上
会有闪电？

再高一点！
嘿嘿！我的风筝飞得最高！

叽叽！
（好像很有趣。）

叽叽！
（我想玩！）

叽叽！
（可以借我玩吗？）

才不要，我还没玩够呢！

叽！

龙龙去哪儿啊？
叽！
（不告诉你！）

龙龙是不是太伤心了？

噔噔！
砰！
哇！
叽叽叽！
（我要召唤闪电！）
好像没有反应哟……

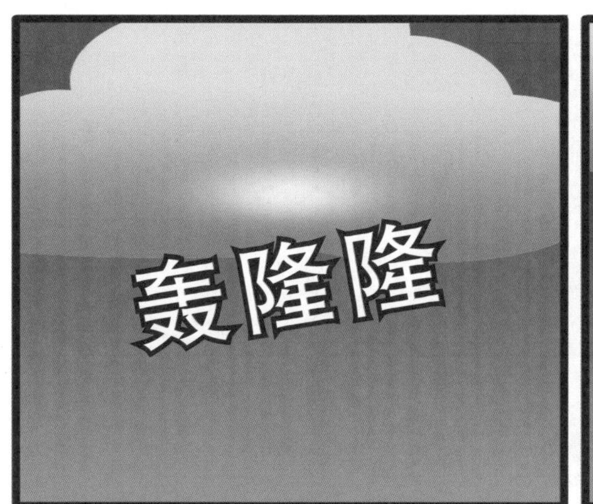
轰隆隆

闪电出现了！

我还以为你是傻头傻脑的呆头龙呢！
原来龙龙是雷神！

啦啦啦！
啦啦啦啦！
咻！

咻！

你是雷神？

我是闪电，
不是神仙。

为什么天上会
有闪电？

闪电其实是一种自
然现象。

水蒸气
蒸发
阳光照射到大地上，水就会蒸
发成了水蒸气。

越来越多的水蒸气被空气带上天空，不停地向上升。
水滴
水蒸气在天空凝结成水滴，这些水滴聚集成云朵。
云朵里的每个小水滴都带有少量的电，也就是说每个水滴都是小电荷。
一朵云里聚集着数十亿的小水滴，每朵云都带有电荷。当电荷非常大的时候，电就从云的顶部跳到云的底部，形成闪电。
这就是你们所看到的闪电了。
恢复

我们继续放风筝吧！
好啊！

轰隆隆

叽叽！
（快下雨了，我们赶快回家吧！）

轰隆隆

啊，不要追我！
叽叽叽！
（都说了，闪电打雷时，别在户外玩，你们就是不听我说。）

从天空来的电

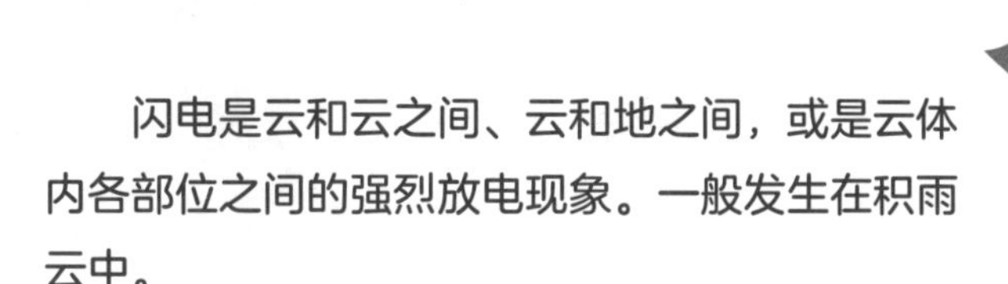

闪电是云和云之间、云和地之间，或是云体内各部位之间的强烈放电现象。一般发生在积雨云中。

美国科学家富兰克林，在1752年的一个雷雨天，冒着被雷击的危险，让一个系着长长金属导线的风筝飞进雷雨云中。他在金属线末端拴了一串银钥匙。当雷电发生时，富兰克林的手接近钥匙，钥匙上出现了一串电火光。幸好，这次传下来的闪电比较弱，富兰克林才没有受伤。

叽叽叽！
（这是很危险的实验，小朋友千万不要模仿！）

通过这个实验，富兰克林发明了避雷针。避雷针是一根安装在屋顶，把闪电释放的电流传到地下，从而避免建筑物被雷击的金属棒。

遇到闪电该怎么做?

● 不要站在大树下，万一闪电击中树木，树下的人就会有危险。

● 不要使用电话，闪电可能击中外面的电话线。

● 电器会遭受雷击，尽量不用电器，最好叫爸妈拔掉电源插头。

● 如果居住的地方位置比较高，最好在屋顶安装避雷针。

轰隆隆，打雷了！龙龙要赶快回家，他要如何避开被雷劈的情况，安全到家呢？

答案：

第五个为什么

为什么不能在树下避雨？

咻！
嘿！
哈哈……
嘻嘻
咻！
嘿！

呜……

叽叽叽！

叽？

轰隆！
轰隆！

哦？
咦？

哇，下雨了！

啊？
满

快！躲到树下！

还好有树可以遮雨！

轰隆！
哇！
哇！

哇！
哇！

一定是因为这棵树太矮，才会被雷击中！

那里有一棵更高大的树，躲那儿吧！

跟我来！

你们看，没事吧？

轰隆！
哇！
哇！

一定是这棵树不够高，才会被雷击中！

那里还有一棵大树，我保证，这次一定安全！

嗯……
嗯？

叽？

轰隆！

哇！

轰隆！
哇！
我的妈呀！

哥，你不是保证不会被雷击中的吗？

这……龙龙，你知道原因吗？

啦啦啦！
啦啦啦啦！

咻！

嘿，大家好！

树先生，为什么下雨时不能站在树下？

雷阵雨时，天上的云带着正电荷，大地带着负电荷。

当云朵离地面较近时，正负电荷会互相摩擦，产生放电现象，那就是闪电和打雷。

因为树通常会比邻近的物体高。

所以，打雷时，很容易被雷击中。

哦……

下雷雨时，要选择安全的地点避雨，例如建筑物里。

建筑物上的避雷针会把雷电引到地上。

那么我们在建筑物里就不会被雷击中了。

原来是这样！

所以说，下雨时躲在树下避雨是很危险的！
对啊！
对啊！

你们怎么还在这儿呢？

轰隆！
轰隆！
轰隆！
恢复
哇！
叽！
快跑啊！

小心打雷

“砰！”雷打在一棵树上，树燃烧起来了，真可怕啊！打雷时，除了不能躲在树下，还有很多事情是不能做的，一定要记得哟！

把门窗关好，以预防雷电击中屋里。

把家里的电器，如电脑、电视、冰箱等的电源关掉，并拔出插头，以免损坏电器。

不要用热水器洗澡，因为水可以传导电流，使人触电。

不要在电线塔下或空旷的地方行走，这跟不能站在树下的原因一样，因为雷电容易击中最高物体的顶部。

不要在雷雨天进行游泳，骑脚踏车，放风筝等活动，以免被雷电击中。

不要拨打、接听电话或使用手机上网，因为电话里的电磁波会把雷电引来。

在外时要穿上橡胶或塑料（电的绝缘体）制成的雨鞋和雨衣。

别进入雷雨区

爸爸想从A地开车到B地。快帮爸爸避开雷雨区，到达目的地吧！

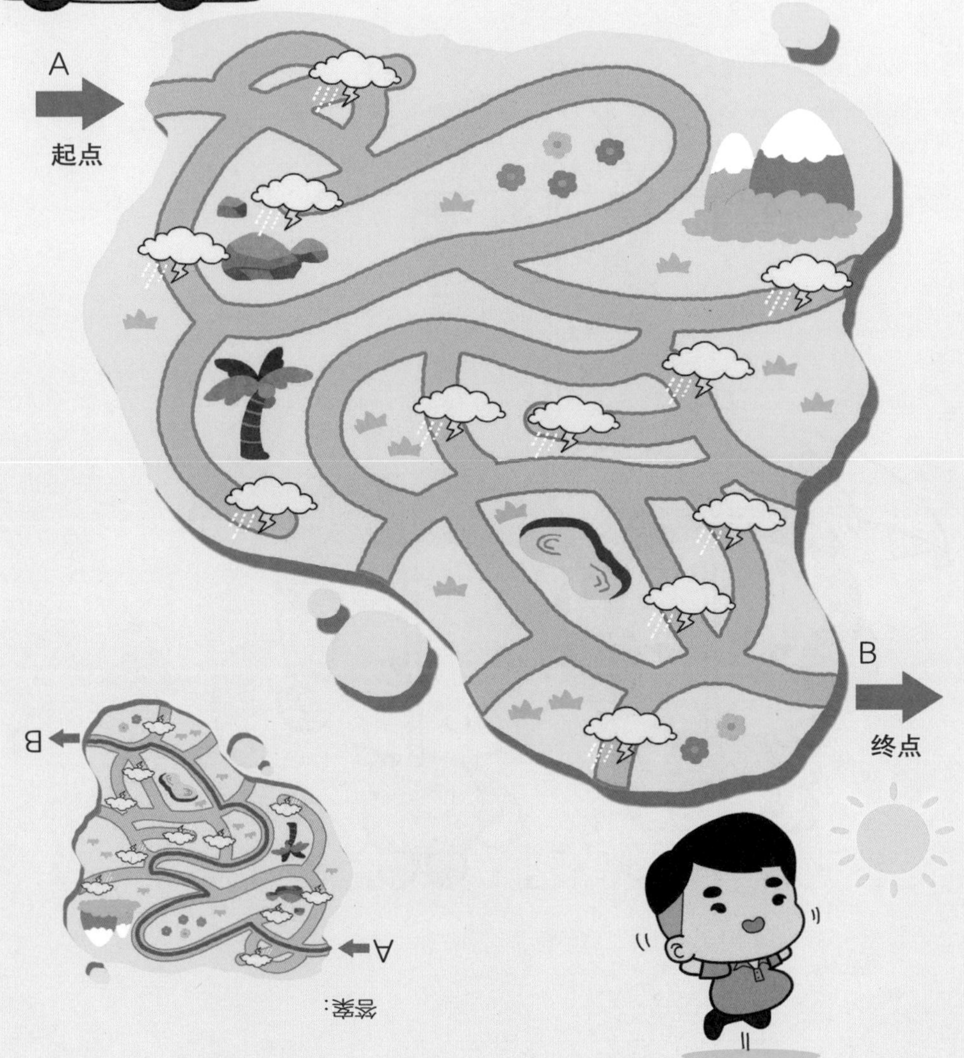

第六个为什么

为什么下雨时不见蝴蝶和蜜蜂出来？

做完功课了，我们可以出去玩啦！
叽叽叽！
我们今天玩什么好呢？
咦？
不如我们就玩追蝴蝶吧！
叽叽！
好啊，好啊！
感觉有点幼稚……
哈哈！
哈哈！

快逃！
快逃！
哈哈！
哈哈！

嗡……
嗡……

嘿嘿！

嘿，看我转身
把你抓住！
咦?
嗡……
嗡……

嗡……
嗡……
看我如何对付你吧！
嗡……
哇！不要追我啊！
开
穿
哈，看你怎么蜇我？
呼～
呼～

好像要下雨了!
啊?
嗡……
嗡……

咦?发生了什么事?

为什么蝴蝶都不理我们了?
它们一定是怕了我!哈哈!
你想太多了……
难道是因为要下雨了?
叽!
咻!
啦啦啦……
啦啦啦啦……

咻！
怎么啦？我赶着回家啦！
为什么你们都急着回家？发生了什么事？
我们要回家避雨啊！
昆虫也需要避雨吗？你们也会着凉？
我们当然需要避雨啊！
我们蝴蝶的翅膀上有一层“粉”。这些“粉”其实是许多小小的鳞片。

救命啊！
当我们不幸被蜘蛛网粘住时，鳞片脱落让我们有机会逃生。

原来你们翅膀上的鳞片这么重要啊！
所以下雨时，我们必须躲在树叶或草下面，避免翅膀上的鳞片被雨水淋湿。

蜜蜂也一样吗？
不，蜜蜂和我们不同。
蜜蜂的翅膀上并没有鳞片，而且很轻、很薄。

如果蜜蜂的翅膀被雨水淋湿了，重量会增加，它便不容易飞起来了。
下雨时，蜜蜂会飞回蜂巢避雨，或者和我们一样躲在植物下面，等雨停了再出来。
不和你们说那么多了，我要赶回去避雨啦！再见！
恢复
哇！快回家！
快跑！
咦，胖胖呢？
叽叽！
哇！外套吸了雨水……
像昆虫那样“飞”不动了！
等我……衣服好重！

蝴蝶蜜蜂飞呀飞

蝴蝶的种类很多，全世界大约有14000种。在蜜蜂的蜂巢里，大家都听“女王的命令”，我们一起来看看吧！

世界上最大的蝴蝶

亚历山大鸟翼凤蝶只分布在新几内亚。雌蝶的体形比雄蝶大，展翅后可达31厘米。

世界上最小的蝴蝶

渺灰蝶的翅膀展开仅有0.7厘米，产于阿富汗。

世界上最漂亮的蝴蝶

光明女神蝶产于巴西、秘鲁等国家。它全身呈紫蓝色，蝶翅还会发光变色。

世界上最稀有的蝴蝶

皇蛾明阳蝶，是蝴蝶里最稀少的一个品种，在一千万只蝴蝶中只能发现一只。它双翅的形状、色彩和大小都不相同。更奇妙的是，它翅的左边是雌性，右边是雄性，雌雄混合，十分奇特。

蜜蜂的“社会生活”

一个蜂巢大约有二万至三万只蜜蜂。蜂巢里住着三种性质不同的蜜蜂，主要有蜂后、雄蜂和工蜂。

蜜蜂

蜂后，又称为女蜂王。每个蜂巢只有一只蜂后，它负责产卵。蜂后的寿命可达三至五年。

雄蜂的体形比工蜂大，它只负责和蜂后交配。交配完后不久，雄蜂就会死亡。

工蜂在蜂群中个体最多，体型最小。它们总为各种事情而忙碌。

- 修筑蜂巢
- 采集花蜜和花粉
- 照顾巢中的卵和幼虫

只用右边的两幅图就可以拼成左边的昆虫。请找出多余的一幅图，圈起来。

答案：1-a，2-b，3-a，4-b

第七个为什么

为什么雨水多的时候，水果会不甜？

仔仔，我爷爷邀请你和图图明天去果园啊！
真的吗？太好了！

图图，明天我们去胖胖爷爷的果园喽！

哇，太兴奋了！

去年胖胖的爷爷也有邀请我们去果园……

这一块好好吃！
这块也是！

真的太好吃了！

好期待哟！

第二天早晨
今天爷爷要请你们吃……

我亲手种的番石榴。

你们慢慢吃，我先去屋外除杂草。

叽！

苦涩

龙龙是不是哽
到了?

怎么一点
都不甜?
这块也一
样不甜。

难道爷爷真的老了?种果树
的技术也退步了?

不再是种什么水果都甜的
超级爷爷了?

啦啦啦!
啦啦啦啦!

咻!

爷爷把我们照顾得很好，种果树的技术才没有退步呢！
只是最近都是雨天，很难看到太阳，水果才变得不甜。

哦，我明白了！

就好像果汁加太多水就不甜了？

当然不是啦！我又不是果汁。

不如我问你们，吃水果的口感是怎样的？

水果通常都多汁!
而且味道很甜!

是啊，这是因为水果的主要成分是水分与糖分，而这与阳光和雨水有密切关系。

阳光和雨水对水果来说很重要。

是不是雨水越多越好？植物才不会缺水。

难道阳光也越充足越好?

虽然植物需要阳光和水，但过量或太少就不好了。

胖胖，你来答，下雨天，什么东西最少啊?

哦……雨天时路人最少，因为大家不想淋雨。哈哈哈哈！

哎呀！是阳光少啦！

如果水果在成长过程中遇上多雨的天气，就得不到充足的阳光。
果树的叶子在阳光不足的情形下无法造出更多的糖分。

结果，果实里所储存的糖分就少了，所以变得不甜了。

所以水果不甜，不是爷爷造成的，知道吗？

恢复

这些番石榴
好吃吗？

叽……
（不……）

爷爷种的水果永
远最好吃！
是的！

叽叽！
哈哈！
哈哈！

奇特的水果

菠萝莓

菠萝莓，又名白草莓。它的外形长得像草莓，果肉是白色的，表面覆盖着小红点。菠萝莓需要在玻璃温室中培育，当果实由绿变白，就表示已经成熟，可以食用。菠萝莓的营养价值高，它含有维生素C和钙、磷、铁等矿物质。

黄龙果

黄龙果是火龙果中的珍贵品种。它有黄色的果皮和白色的果肉。未成熟的时候，果皮是绿色的，长尖刺；成熟后，尖刺就会自然脱落。

刺角瓜

刺角瓜，又名非洲角瓜。非洲角瓜的黄色表皮坚硬，绿色的果肉多籽，像黄瓜一样呈凝胶状，口味清甜。刺角瓜含有丰富的维生素 C 和植物纤维。

红肉苹果

你一定吃过红皮苹果，但红肉苹果你可能连见都没见过。红肉苹果不但果皮是红的，连果肉也是红的。因为果肉酸度高，所以不卖整个苹果，而是做成果汁、果酱等加工食品。

树番茄

树番茄原产于南美洲，味道有点像百香果和番茄的综合，香味清淡，果肉比番茄艳红。

找水果

盘子里有哪些水果？圈一圈。

a

b

c

d

e

f

答案：a，b，c，d

第八个为什么

为什么下雨后会有彩虹？

下雨了！

嗯……

太阳都出来了，雨
怎么还不停？

好想出去
踢球……
我也是……

咦？

哇，好漂亮
的彩虹！
叽叽叽！
哇！

雨停了，可以
出去玩了！

叽叽叽！
龙龙，我们去
踢球了！

龙龙，你不一起去吗？
嗯……

哦？

不见
叽……

咦？

嗯……

第二天……

哥，我好担心龙龙哟！
不用怕，龙龙不会有事的！

下雨了！

咦？
叽叽叽！
咦？

啦啦啦啦！
啦啦啦！
咻！

嘿，大家好！
在一场大雨之后，天空会浮着许多小水珠。
它们就像浮在空中的三棱镜。
当太阳光透过水珠时，会产生折射，光会被分成红、橙、黄、绿、蓝、靛、紫，七种颜色。
恢复
这时，如果有人站在太阳和雨形成的雨幕之间，就会看到我了！
哦，原来是这样！

吸气

咻！

下雨

叽叽叽！
哇，龙龙好厉害！
这样就不必担心它闷闷不乐啦！

不见
嗯……

咻！

啊？又下雨了！

咦?

咦，雨停了?

嗯?

又停了?
吼!

叽?
叽!
龙龙，你再不停止胡闹，我就给你吃藤条!

七彩丝带挂天边

当阳光透过空气中的水滴时，就像透过三棱镜那样，光线被折射，分解成七色光谱，就形成了彩虹。

彩虹的七种颜色从外到内分别为红、橙、黄、绿、蓝、靛和紫。

彩虹有几种“不同的面貌”？一起来看看吧！

圆形彩虹

圆形彩虹围着太阳，像一个大光环，它正确的名字叫做“日晕”。

双重彩虹

双重彩虹分为主虹和副虹（又称霓），那是因为阳光在水滴中经两次折射而形成。副虹看起来比主虹暗淡。

瀑布彩虹

瀑布周围的空气充满雾气和湿气。阳光照射在雾气上，会产生折射，形成彩虹。

月虹

月虹是月光下出现的彩虹，也叫黑夜彩虹。

这两幅图里的彩虹，其中一道是假的。请指出来。

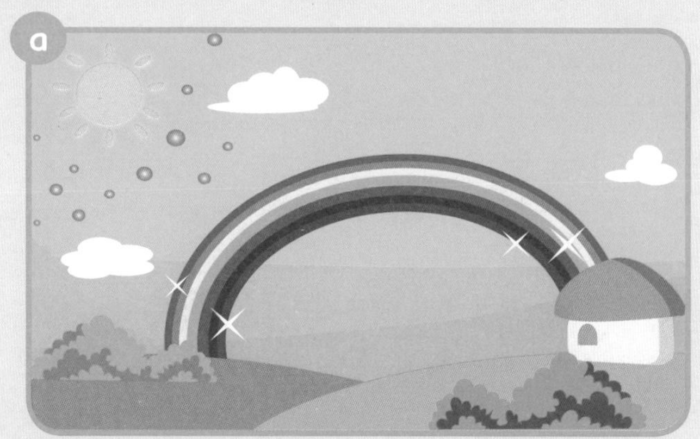

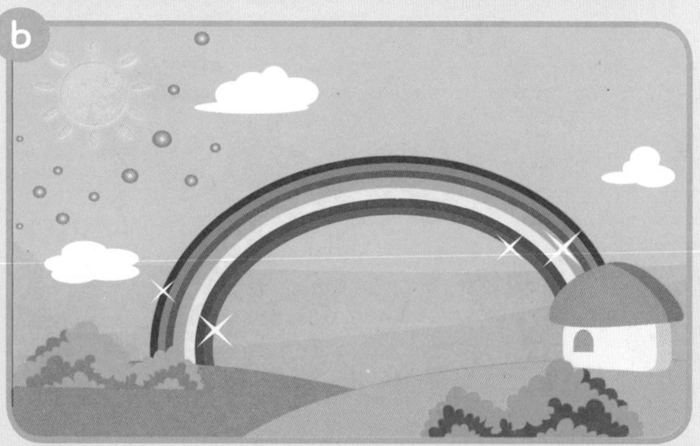

彩虹藏在方格里了，
快找出彩虹的颜色，
七种颜色必须连在一起哟！

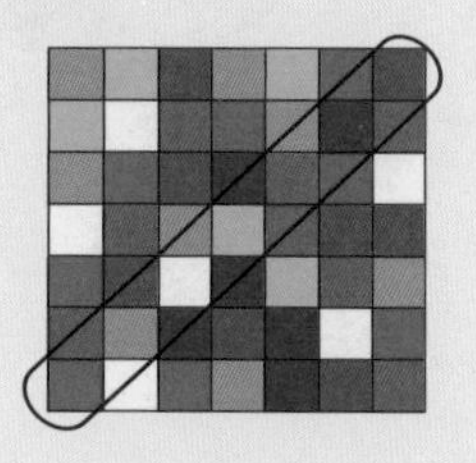

答案：A-b
B

第九个为什么

为什么下雨后，空气格外清新？

丁零——
丁零——

自习

仔仔，下一堂课就是体育课了！
是啊，待会儿可以玩球了！
唉，我不喜欢上体育课！

真希望下大雨，那就不用上体育课了！嘻嘻……

轰隆隆！
轰隆隆！

你看，真的下雨了！
真扫兴！

胖胖，我叫你自习，不是讲话！
呃……这……

不专心自习，给我罚站！
活该！

丁零
起立，行礼，谢谢老师！

雨停了，我们可以玩球了！
嘿嘿，终于可以玩球了。

嗬！

叽叽叽叽？
（为什么不去玩球？）

嘘……因为我不喜欢体育课，所以我骗他们说我不舒服。

图图，你怎么可以说谎呢？
糟糕，被抓住了……

老师，
对不起！
即使身体不舒服，
也要出来呼吸新鲜
的空气啊！
吸气
空气好
清新呢！
吸气

老师，为什么
下雨后空气格
外清新？
叽叽！
（让我来解释。）

啦啦啦！
啦啦啦啦！
咻！

大家好！我是空气中的臭氧！
你是臭氧，那你一定很臭喽？

臭氧的气味很臭，可是稀薄的臭氧却一点也不臭，反而会给人清新的感觉。
哇，好清新啊！
轰隆隆！
我们是在闪电雷雨后产生的。

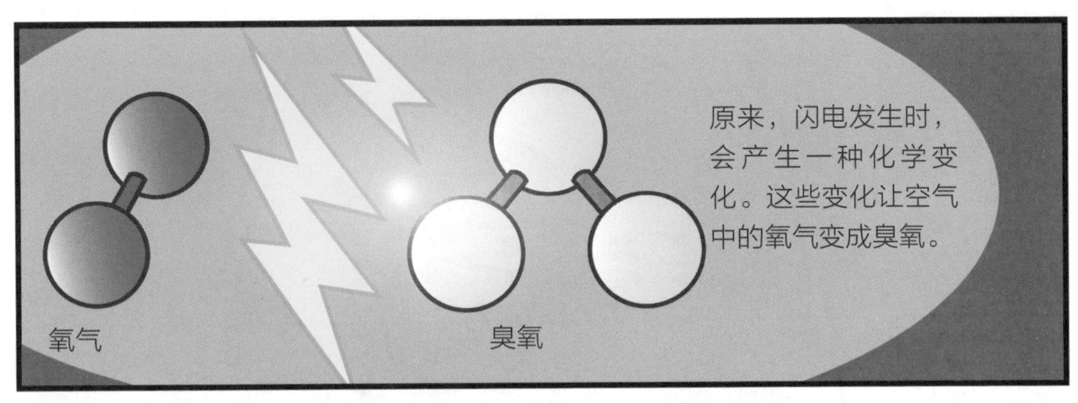
原来，闪电发生时，会产生一种化学变化。这些变化让空气中的氧气变成臭氧。
氧气
臭氧

雷雨后，大雨会洗掉空气中的尘埃。
再加上臭氧可以净化空气，所以空气会特别清新。

恢复
下雨后做运动的感觉真好啊！
图图好像变了一个人似的……
踢
叽叽叽！
（图图，让我们休息一下。）

哎哟！
肿
叽叽！
（投降！）
好啦，我现在要你们闭眼休息五分钟，呼吸一下新鲜的空气！
好凉快啊……
下雨后睡觉最舒服了！
时间到了，大家起来吧！
ZZ
ZZ
ZZZ
ZZZ
ZZ
怎么大家都睡着了啊？
ZZZ

臭氧的真面目

臭氧是淡蓝色的，有一股臭味，如果我们吸入太多，会对我们的健康有害。

正电

负电

一块带正电的云，当它与一块带负电的云碰在一起就会引发闪电。氧气碰到闪电，就会产生臭氧了。

臭氧除了会在大自然里产生，在电动机里也会出现，因为电压高，电动机里的电刷会产生火花。周围的氧气受到电击，就很容易产生臭氧。

可以将臭氧制成消毒剂，用来清除空气中和水中的病毒和细菌。

臭氧主要存在于距离地球表面 二十至二十五千米的臭氧层中。臭氧层可以吸收对人体有害的紫外线，防止它到达地球，保护地球上的生物不受紫外线的侵害。

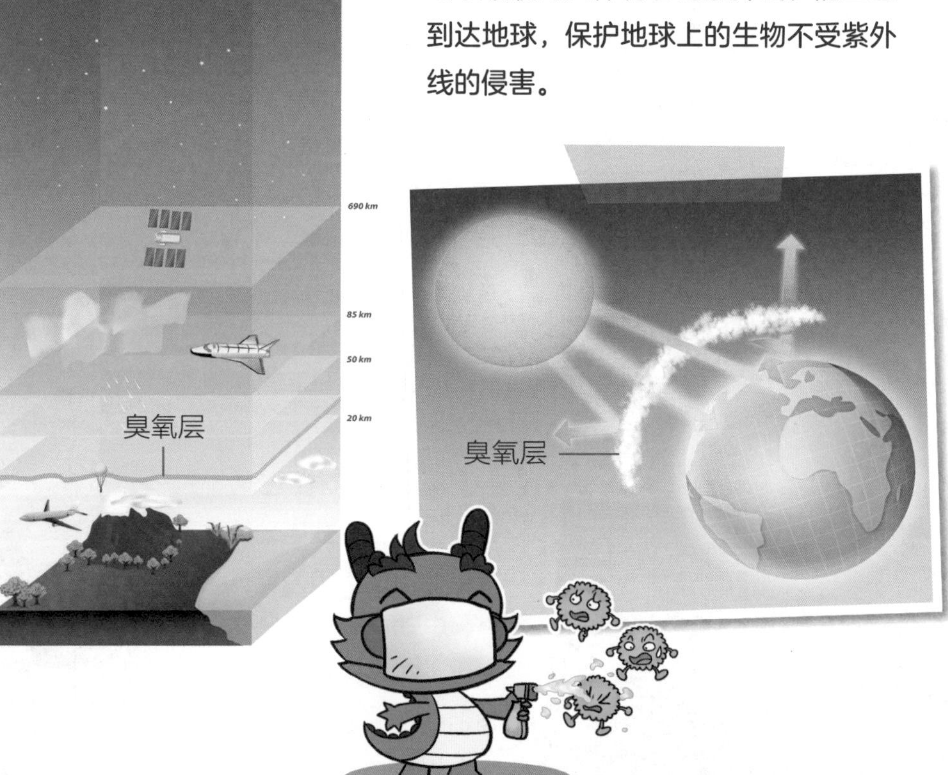

臭氧会出现在以下哪一个地方呢？

答案：c

第十个为什么

为什么会下雪？

这几天都在下雪，
外面冷得很。
是啊，我都快
结冰了！
阿嚏！
好冷！真不
明白为什么
我要来这种
地方。
还不是因为你
吵着要跟我们
一起来！

我们下个月要去英国探望朋友。
太好了！
叽叽！
我也要去！
可是那个时候是冬天，你确定吗？
没问题！
好冷，我真是误上贼船了！
你说什么？
来，快来壁炉这边坐。
太好了！

好想出去堆雪人……
为什么天空会下雪?
我想，那是因为有些云是装着雨的，有些是装着雪的。
我是负责装雨的。
我是装雪的。
我认为在空中有个造雪机，那个机器会制造出很多雪。
龙龙，你只笑不回答，难道你知道答案?

啦啦啦！
啦啦啦啦！
咻！
这里好热！
这里的火烧得很旺！
怎么办？你快穿上大衣吧！
不行，这样我更热！
打开窗吧！
呼……
凉快多了！

你们有什么问题想问啊?
我想知道为什么会下雪?
首先你们要知道，有些国家是四季分明的。
春
夏
秋
冬
在四季分明的国家，冬天的温度特别低。
冬天，地面的温度都在零摄氏度以下，天空中的温度比地面还要低。
非常冷
冷
下雪的原理和下雨一样，云中的水蒸气因为温度低而凝结成小雪花。
℃
水蒸气
冷凝
雪花

气流
这些雪花是由气流托住的，就好像有一只看不见的手在托着雪花。

当雪花增加到一定的重量，气流托不住时，它就会掉到地面上，这就是下雪。

原来是这样，我在想我们的家乡有没有可能下雪。
你们那儿太热了，我们不会在那里出现。
啊，雪停了！
我也是时候走了！

恢复
雪停了，我们可以到外面玩了！
太好了！

哈哈！
哈哈！

哈哈！
丢
丢
轰！
咚！
叽叽！
哈哈！胖胖
变成了雪人！

漫天雪花飘

空中飘落的雪，形状像花，所以叫雪花。

我们用眼睛看到的雪花，好像是一样的，但是如果放到显微镜下看，每一片雪花的形状都是不一样的。

这个世界上不会出现一模一样的雪花，每一片雪花的形状都是独一无二的。

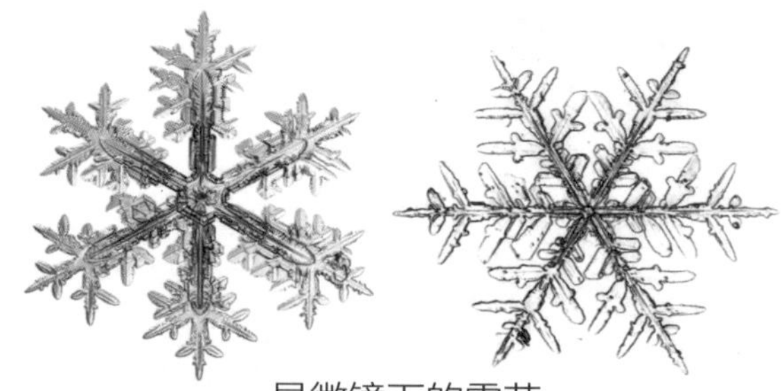

显微镜下的雪花

雪花在落地之前，所受到的温度和压力不同，所以形成的形状也不一样。

雪花的形状都是呈六角形的，形状完美的雪花通常出现在风力小的下雪天，而且是特别寒冷的天气。

雪花剪纸

小朋友，根据以下步骤就可以完成雪花剪纸了。

天气好的时候，仔仔一家会去野营。图片中的物品都是野营时可能用到的物品。这两幅图中共有五处不同，请在右边的图片中找到并圈出来。

图书在版编目（CIP）数据

天气变变变 / 马来西亚火焰球创作室著 ； 动漫编辑部编. -- 昆明 ： 晨光出版社, 2019.7
（半小时漫画十万个为什么·科学百问百答）
ISBN 978-7-5715-0115-0

Ⅰ. ①天… Ⅱ. ①马… ②动… Ⅲ. ①天气—少儿读物 Ⅳ. ①P44-49

中国版本图书馆CIP数据核字(2019)第109956号

半小时漫画十万个为什么·科学百问百答

TIANQI BIAN BIAN BIAN

天气变变变

[马来西亚]火焰球创作室 著 动漫编辑部 编

出版人	吉彤
策划	吉彤 温翔
责任编辑	侯夏莹
特约编辑	朱小芳
装帧设计	简明波 吴秋兰 李娜
邮编	650034
地址	昆明市环城西路609号新闻出版大楼
出版发行	云南出版集团 晨光出版社
电话	0755-83474508
印刷	广州培基印刷镭射分色有限公司
经销	各地新华书店
版次	2019年7月第1版
印次	2019年7月第1次印刷
书号	ISBN 978-7-5715-0115-0
开本	889mmx1194mm 1/16
印张	8
定价	19.80元

凡出现印刷质量问题请与承印厂联系调换

质量监督电话：0755-83474508